Richard Korir
Lucia Keter

Contaminação microbiana de produtos medicinais à base de plantas vendidos em Nairobi

Richard Korir
Lucia Keter

Contaminação microbiana de produtos medicinais à base de plantas vendidos em Nairobi

ScienciaScripts

Imprint
Any brand names and product names mentioned in this book are subject to trademark, brand or patent protection and are trademarks or registered trademarks of their respective holders. The use of brand names, product names, common names, trade names, product descriptions etc. even without a particular marking in this work is in no way to be construed to mean that such names may be regarded as unrestricted in respect of trademark and brand protection legislation and could thus be used by anyone.

Cover image: www.ingimage.com

This book is a translation from the original published under ISBN 978-3-639-66696-0.

Publisher:
Sciencia Scripts
is a trademark of
Dodo Books Indian Ocean Ltd. and OmniScriptum S.R.L publishing group

120 High Road, East Finchley, London, N2 9ED, United Kingdom
Str. Armeneasca 28/1, office 1, Chisinau MD-2012, Republic of Moldova, Europe
Managing Directors: Ieva Konstantinova, Victoria Ursu
info@omniscriptum.com

Printed at: see last page
ISBN: 978-620-8-51878-3

ÍNDICE DE CONTEÚDOS

Capítulo 1

Resumo

Os produtos à base de plantas são utilizados em todo o mundo para o tratamento e a prevenção de várias doenças e representam atualmente uma parte substancial do mercado mundial de medicamentos. As ervas medicinais estão contaminadas por microrganismos indígenas do solo e das plantas. As más condições durante a colheita e o manuseamento pós-colheita das ervas e dos produtos à base de plantas são factores que predispõem à contaminação. Este estudo teve como objetivo avaliar os contaminantes bacterianos e fúngicos em produtos à base de plantas comercializados para a população em geral em Nairobi, no Quénia. O estudo utilizou um modelo experimental exploratório e laboratorial. O investigador utilizou a abordagem do "cliente mistério", que minimizou a parcialidade da informação fornecida pelos vendedores. O estudo recolheu uma amostra de 138 preparações diferentes de medicamentos à base de plantas, que incluíam líquidos, pós, cápsulas, cremes/loções, folhas esmagadas e sais. Após a compra, os produtos foram transportados para a Kenya Medical

Os laboratórios do Instituto de Investigação para processamento e análise. Os contaminantes microbianos foram determinados em conformidade. Os agentes patogénicos microbianos foram isolados e identificados utilizando técnicas normalizadas. Os dados foram analisados através de testes de qui-quadrado de Pearson. No total, 117 (84,8%) amostras estavam contaminadas com bactérias, enquanto 61 (44,2%) estavam contaminadas com fungos. Os resultados mostraram que 56 (47,9%) amostras contaminadas com bactérias tinham $<1{,}0x10^3$cfu. Apenas uma (2,7%) amostra estava altamente contaminada (500cfu/g) com fungos que estavam para além dos limites recomendados pela farmacopeia europeia. A maioria dos isolados de bactérias eram bactérias entéricas gram-negativas, enquanto os fungos eram bolores ambientais. É evidente que os medicamentos à base de plantas vendidos em Nairobi estão altamente contaminados com micróbios que são potenciais agentes patogénicos. Alguns produtos tinham cfu/g para além dos limites aceites pela Farmacopeia

Europeia. Por conseguinte, há uma necessidade urgente de ter programas educativos específicos, políticas e regulamentos que abordem a segurança dos produtos medicinais à base de plantas e que se centrem especificamente na prevenção da contaminação microbiana.

Palavras-chave: Microbiana, contaminação, medicamentos, agentes patogénicos, bactérias e fungos

Introdução

Os produtos medicinais à base de plantas são habitualmente utilizados na África Subsariana e nos países em desenvolvimento em geral. Também estão a ganhar popularidade nos países desenvolvidos (Jia & Zhang, 2005) devido à crescente evidência que apoia a eficácia de alguns dos extractos de plantas (Langlois-Klassen *et al.*, 2007; Bii *et al.,* 2010; Korir *et al.,* 2012) e ao facto de serem acessíveis e baratos. Estes factores levaram ao aumento da utilização de ervas medicinais, especialmente para complicações relacionadas com o VIH, doenças transmissíveis e não transmissíveis (Bodeker *et al.*, 2006). De facto, numerosos autores, incluindo a Organização Mundial de Saúde (OMS), referem que 30% a 70% dos indivíduos infectados pelo VIH em todo o mundo utilizam produtos à base de plantas (Harnack *et al.*, 2001; Liu *et al.,* 2005; Zhang,2008).

A contaminação é a introdução indesejada de impurezas numa matéria-prima, produto intermédio ou produto acabado à base de plantas durante a produção, embalagem, armazenamento ou transporte (OMS, 2007). Foi relatado que as ervas medicinais estão contaminadas com microrganismos indígenas do solo e das plantas. As más condições durante a colheita e o manuseamento pós-colheita das ervas e dos produtos à base de plantas são factores predisponentes para a contaminação (Farkas *et al.*, 2000; Candlish, 2001). Geralmente, a presença de coliformes em produtos medicinais à base de plantas (HMPs) implica a possibilidade de contaminações fecais recentes e medidas de saneamento inadequadas na cascata do processo de produção de HMPs (Onyambu *et al.,* 2013; Khanom *et al.,* 2013; Temu-Justin *et al.,* 2011). Além disso, alguns contaminantes microbianos podem alterar as caraterísticas físico-químicas que podem levar a alterações prejudiciais à qualidade dos HMPs (OMS, 2007; OMS, 2010; OMS, 2013).

A utilização de HMP está a aumentar em todo o mundo devido à fácil disponibilidade de matérias-primas (Kigen *et al.*, 2013). Esta rápida expansão dos mercados de utilização de HMPs está aparentemente a exigir um exame minucioso, especialmente das questões relacionadas com a segurança e a qualidade destes produtos (Aschwanden, 2001; OMS, 2007). É bem sabido que a contaminação microbiana dos HMPs pode ser uma fonte potencial de infecções que, por sua vez, podem resultar numa vasta gama de complicações, tais como gastroenterite, sépsis, cegueira e mesmo morte (Ekor, 2014). Para evitar estas complicações indevidas, a Organização Mundial de Saúde exige que todos os organismos reguladores locais e internacionais estabeleçam políticas para garantir que os HMPs cumprem o padrão de segurança recomendado antes da legalização/aprovação para consumo humano. No entanto, esta continua a ser uma situação ideal, uma vez que a maioria dos países ainda está longe de atingir este objetivo (Whitcher *et al.*, 2001; Kigen *et al.*, 2013). Existem poucos estudos sobre a contaminação de medicamentos à base de plantas no Quénia. Por conseguinte, o presente estudo avaliou a contaminação microbiana de medicamentos à base de plantas comercializados na cidade de Nairobi, de modo a informar as partes interessadas relevantes para intervenções de segurança adequadas.

Materiais e métodos

Local e conceção do estudo

O estudo foi realizado em Nairobi, a capital e maior cidade do Quénia. Nairobi tem várias clínicas de ervanária, especialmente nas zonas de elevada densidade populacional. No entanto, os produtos/medicamentos à base de plantas também são vendidos em lojas de produtos nutricionais, farmácias/químicos, supermercados, retalhistas locais e nas ruas por vendedores ambulantes, entre outros pontos de venda. O estudo utilizou um modelo experimental exploratório e laboratorial. O investigador utilizou a abordagem do "cliente mistério", o que minimizou a parcialidade da informação por parte dos vendedores.

Recolha de amostras

Os HMPs utilizados foram recolhidos aleatoriamente de diferentes vendedores de ervas selecionados na cidade de Nairobi, no Quénia. O estudo recolheu amostras de 138 preparações diferentes de medicamentos à base de plantas, que incluíam líquidos, pós, cápsulas, cremes/loções, folhas esmagadas e sais.

Isolamento e identificação de microrganismos contaminantes

Os HMPs foram diluídos em série e colocados em triplicado em meios selectivos, diferenciais e de uso geral para o crescimento de bactérias e em ágar Sabouroud dextrose (Oxoid) para o crescimento de fungos. Em seguida, foram incubados a 37°C durante 12-18 horas e a 30°C durante 72 horas, respetivamente, para permitir o crescimento bacteriano e fúngico, respetivamente. O ágar Sabouroud dextrose foi suplementado com cloranfenicol para inibir a contaminação bacteriana para a determinação de fungos. As colónias resultantes foram posteriormente isoladas, purificadas e identificadas utilizando técnicas bioquímicas e o kit Analytical Profile Index (API) 20E, quando necessário (bioMerieux). As reacções foram lidas de acordo com uma tabela de leitura padrão e a identificação foi feita utilizando o livro de índice de perfil analítico.

Análise estatística

As contagens microbianas foram transformadas em valores logarítmicos comuns para análise estatística . O pacote estatístico para cientistas sociais (SPSS) foi utilizado para todas as análises estatísticas (SPSS versão 20). O Excel também foi utilizado para analisar os valores microbianos, de micotoxinas e de pH. Foi utilizado um nível de significância de 0,05 para todos os testes. Os dados relativos à contaminação microbiana foram analisados estatisticamente e os resultados comparados com os requisitos da farmacopeia europeia (Farmacopeia Europeia, 2007). A contagem microbiana total foi determinada e comparada com os limites.

Resultados

Foi recolhido um total de 138 amostras de produtos à base de plantas em diferentes pontos de venda em Nairobi. Os pontos de venda foram: - vendedores ambulantes, clínicas de ervas, supermercados, farmácias, lojas de produtos de saúde e fabricantes/grossistas (Anexo 4). Os produtos à base de plantas incluídos na amostra apresentavam diferentes formulações, tais como: cápsulas, líquido, sumo, creme/loção, pó e xaropes. Foram amostrados produtos à base de plantas com as seguintes formulações: 2(1,4%) cápsulas, 16(11,6%) líquidos, 4(2,9%) cremes, 2(1,4%) sumos, 106(76,9%) pós e 8(5,8%) xaropes (Figura 1).

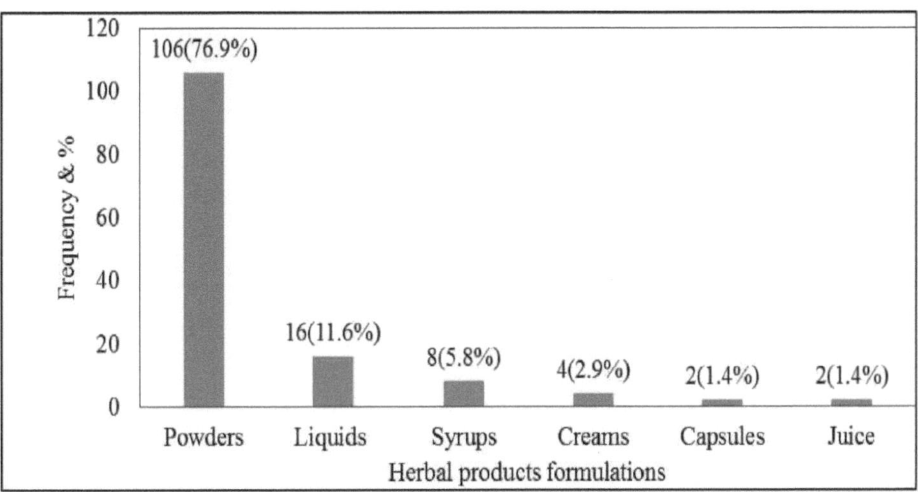

Figura 1: Formulações de produtos à base de plantas recolhidas no estudo (n=138)

Foram recolhidas 74 (53,6%) amostras de vendedores ambulantes/gaivotas, 34 (24,6%) de clínicas de ervanária, 19 (13,8%) de supermercados/lojas, 7 (5,1%) de fabricantes/grossistas e 2 (1,4%) de farmácias e lojas de produtos alimentares saudáveis, respetivamente (Figura 2).

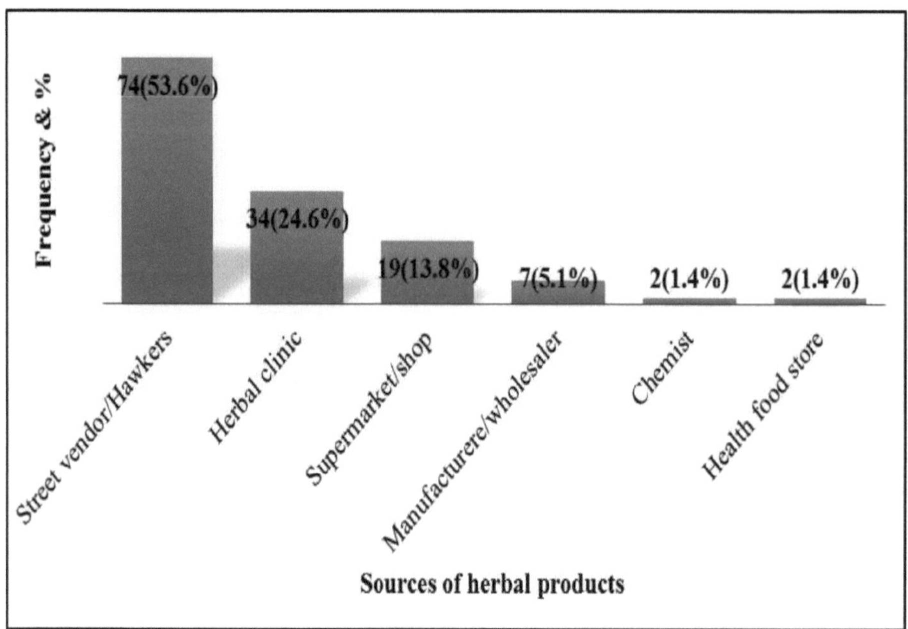

Figura 2: Pontos de venda/fonte de produtos à base de plantas (n=138)

A placa 1, (A) mostra produtos à base de plantas expostos em prateleiras numa clínica de plantas enquanto

(B) mostra amostras de alguns produtos à base de plantas expostas na bancada do laboratório a aguardar análise.

Placa 1: Uma clínica de ervas (A), amostra de ervas (B) investigada quanto à contaminação microbiana

Contaminação bacteriana (cargas) em termos de unidades formadoras de colónias

Das 138 amostras, 117 (84,8%) estavam contaminadas com bactérias, enquanto 21 (15,2%) não estavam contaminadas. As bactérias contaminantes eram aeróbias, formas de coli e outras bactérias patogénicas. Entre as 117 amostras contaminadas, 61 (4,2%) tinham unidades formadoras de colónias bacterianas que variavam entre 1-1000, enquanto 56 (40,6%) tinham mais de 1000 unidades formadoras de colónias bacterianas. Todos os produtos da farmácia não estavam contaminados. Entre os produtos do fabricante, 2 (2,8%) tinham entre 1-1000 ufc de bactérias, enquanto 5 (71,4%) tinham mais de 1000 ufc de bactérias. Cinco (14,7%) produtos de clínicas de ervanárias não estavam contaminados, 14 (41,2%) tinham ufc bacterianas entre 1-1000, enquanto 15 (44,1%) estavam contaminados com mais de 1000 ufc bacterianas. Onze produtos dos vendedores ambulantes não estavam contaminados, 33 (44,6%) tinham ufc bacteriano entre 11000, enquanto 30 (40,5%) tinham ufc bacteriano acima de 1000. Entre os produtos dos supermercados, 2(10,5%) não estavam contaminados, 11(57,9%) tinham ufc bacteriano entre 1-1.000, enquanto 30(40,5%) tinham ufc bacteriano acima de 1000. Houve associação significativa entre produtos fitoterápicos provenientes de clínicas fitoterápicas, vendedores ambulantes/gaivotas e supermercados com contaminação bacteriana (teste do χ^2; $p<0,05$).

Em termos de formulações, todas as cápsulas estavam contaminadas com ufc bacterianas de 1-1.000. Entre os líquidos, 4(25,0%) não estavam contaminados, 6(37,5%) tinham ufc entre 1-1000 e mais de 1.000, respetivamente. Todos os sumos não estavam contaminados, ao passo que 2 (50,0%) cremes/loções apresentavam um intervalo de ufc de 1-1.000 e superior a 1.000, respetivamente. Nove (8,7%) dos pós eram estéreis, 48 (45,0%) tinham contaminação bacteriana variando de 1-1.000cfu, enquanto 49 (46,2%) tinham cfu bacteriano acima de 1.000. Quatro (50,0%) dos xaropes não estavam contaminados, 3 (37,5%) tinham ufc bacteriano variando de 1-1.000, enquanto 1 (12,5%) tinha ufc bacteriano acima de 1.000. As amostras de diferentes formulações não eram uniformes. Houve associações significativas entre (teste χ^2; $p<0,05$) a formulação de pós e líquidos com contaminações bacterianas (Tabela 4.1).

Quadro 1: Contaminação bacteriana em termos de fonte e formulações

Source	Contamination Level in cfu			n/freq	χ^2
	0	**1-1000**	**> 1000**		
Chemist	2 (100.0%)	0(0.0%)	0(0.0%)	2	
Health Food Store	1(50.0%)	1(50.0%)	0(0.0%)	2	
Herbal Clinic	5 (14.7%)	14(41.2%)	15(44.1%)	34	0.001
Manufacturer/ Wholeseller	0(0.0%)	2(28.6%)	5(71.4%)	7	0.157
Street vendor/ Hawker	11(14.9%)	33(44.6%)	30(40.5%)	74	0.001
Supermarket/ Shop	2(10.5%)	11(57.9%)	6(31.6%)	19	0.001
Total	21(15.2%)	61(44.2%)	56(40.6%)	138	
Formulations	**Contamination Level in cfu**			**n/freq**	χ^2
Capsules	0(0.0%)	2(100.0%)	0(0.0%)	2	
Liquid	4(25.0%)	6(37.5%)	6(37.5%)	16	0.001
Juice	2(100.0%)	0(0.0%)	0(0.0%)	2	
Cream /Lotion	2(50.0%)	2(50.0%)	0(0.0%)	4	0.083
Powder	9(8.5%)	48(45.3%)	49(46.2%)	106	0.001
Syrup	4(50.0%)	3(37.5%)	1(12.5%)	8	0.180
Total	21(15.2%)	61(44.2%)	56(40.6%)	138	

Legenda: 0-Nenhuma contaminação, 1-1000- Gama de ufc bacteriana, >1000- ufc fúngica superior a 1000, n-número de amostras por categoria, χ^2- Teste do qui-quadrado de Pearson.

A placa 2 A é um ágar de Salmonella shigella com bactérias fermentadoras de lactose com algumas colónias centradas no escuro devido à produção de sulfureto de hidrogénio, B- é uma placa de Mackonkey com colónias cor-de-rosa, C- é uma contagem de placas que mostra bactérias ambientais muito grandes e mucóides.

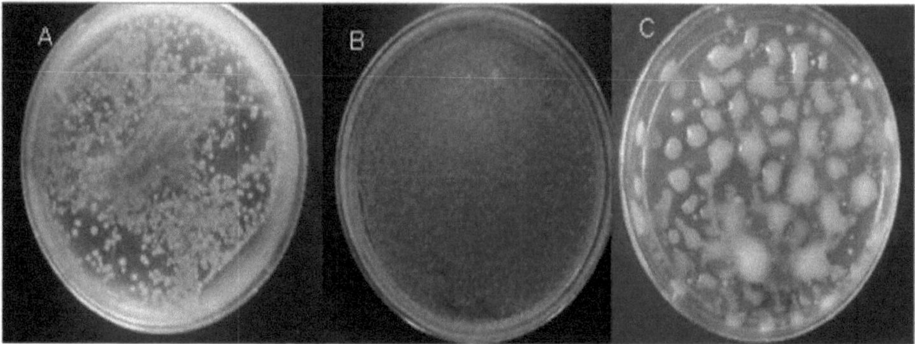

Placa 2: Placas de cultura de colónias bacterianas (A, B e C)

Contaminação por fungos

Dos 138 produtos à base de plantas, 61 (44,2%) amostras estavam contaminadas com fungos. As contagens totais de bolores e leveduras foram apresentadas em unidades formadoras de colónias. Todas as amostras provenientes de farmácias, lojas de produtos alimentares saudáveis, 1(14,3%) de fabricantes/atacadistas, 37(50,0%) de vendedores ambulantes/traficantes e 13(68,4%) de supermercados/lojas eram estéreis (sem contaminação). Onze (32,4%) amostras de clínicas de ervanária, 6 (85,7%) de grossistas/fabricantes, 34 (45,9%) de vendedores ambulantes/mercadores e 6 (31,6%) de supermercados/lojas tinham ufc fúngicas que variavam entre 1-105. Uma amostra (2,9%) de clínicas de ervanária e 3 (4,1%) de vendedores ambulantes/marisqueiros apresentaram ufc fúngica superior a 105. Verificou-se uma associação significativa (teste do χ^2; p=0,001) entre os produtos à base de plantas provenientes de vendedores ambulantes/gaivotas e de clínicas de ervanárias com contaminações fúngicas

Relativamente às formulações, todos os sumos, 1(50.0%) cápsula, 15(93.85) líquidos, 50(47.25) pós e 7(87.5%) xaropes não apresentaram contaminações fúngicas. Dois cremes/loções (50,0%), 52(50,0%) pós e uma cápsula e um xarope, respetivamente, tinham ufc fúngicas de 1-150. Apenas os pós [4(3,8%)] apresentaram ufc superior a 105. Houve uma associação significativa (teste do χ^2; p=0,001) entre os pós e as formulações líquidas com contaminações fúngicas (Tabela 2).

Tabela 2: Contaminação fúngica em termos de fonte e formulações

Source	Fungal contamination level			n/Freg	χ^2
	0	1-105	>105		
Chemist	2(100.0%)	0(0.0%)	0(0.0%0	2	
Health Food Store	2(100.0%)	0(0.0%)	0(0.0%)	2	
Herbal Clinic	22(64.7%)	11(32.4%)	1(2.9%)	34	0.001
Manufacturer/ Wholeseller	1(14.3%)	6(85.7%)	0(0.0%)	7	0.080

Street vendor/ Hawker	37(50.0%)	34(45.9%)	3(4.1%)	74	0.001
Supermarket/ Shop	13(68.4%)	6(31.6%)	0(0.0%)	19	0.100
Total	77(55.8%)	57(41.3%)	4(2.9%)	138	
Formulations	**Fungal contamination level**			**n/Freg**	χ^2
Capsules	1(50.0%)	1(50.0%)	0(0.0%)	2	
Liquid	15(93.8%)	1(6.3%)	0(0.0%)	16	0.001
Cream/lotions	2(50.0%)	2(50.0%)	0(0.0%)	4	0.080
Juice	2(100.0%)	0(0.0%)	0(0.0%)	2	
Powder	50(47.2%)	52(50.0%)	4(3.8%)	106	0.001
Syrup	7(87.5%)	1(12.5%)	0(0.0%)	8	0.105
Total	77(55.8%)	57(41.3%)	4(2.9%)	138	

Legenda: 0-Nenhuma contaminação, 1-105- Fungal cfu range, >105-fungal cfu more than

105, χ^2- Teste do Qui-quadrado de Pearson, n-número de amostras por categoria

Placa 3 A mostra *Aspergillus* niger e algumas leveduras, *B-Penicillium* species e *Aspergillus* spp, *C- Absidia corymbifera.*

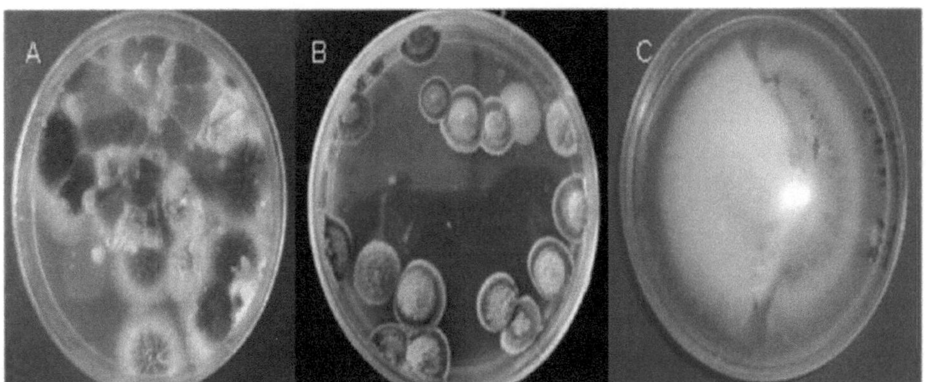

Placa 3: Placas de cultura SDA de colónias de fungos (A, B e C)

Identificação dos microrganismos contaminantes dos produtos à base de plantas

Contaminantes bacterianos

Os contaminantes bacterianos isolados dos produtos à base de plantas recolhidos em Nairobi foram agrupados em 13 géneros: *Bacillus*, *Klebsiella*, *Proteus*, *Staphylococcus, Streptomyces, Escherichia, Enterobacter, Serratia, Yersnia, Morganella, Citrobacter, Erwinia* e *Shigella.* As bactérias isoladas foram identificadas ao nível das espécies utilizando caraterísticas culturais e morfológicas. Neste estudo, foram isoladas e identificadas as seguintes bactérias: *Enterobacter aerogens, Enterobacter cloacae, Escherichia coli, Klebsiella pneumoniae, Proteus penneri, Serratia fonticola, Serratia marcescens, Serratia rubidaea, Streptomyces spp, Citrobacter diversus, Erwinia chrysanthemi, Morganella morganii, Shigella sonnei, Bacillus spp, Bacillus anthracoides, Staphylococcus aureus* e *Yersinia enterocolitica.* Foram também agrupadas em termos da reação de coloração de Gram.

Dos 13 géneros de bactérias, 3 eram gram-positivos (*Streptomyces, Bacillus* e *Staphylococcus*) (Quadro 3).

Quadro 3: Agentes patogénicos bacterianos isolados de produtos à base de plantas em Nairobi (n=233)

Genus	Organism	Gram reaction	Frequency (%)
Citrobacter	*Citrobacter diversus*	Gram -ve	3 (1.29)
Enterobacter	*Enterobacter aerogens, Enterobacter cloacae*	Gram -ve	22 (9.44)
Streptomyces	*Streptomyces spp.*	Gram +ve	74(31.76)
Bacillus	*Bacillus anthracoides, Bacillus spp.*	Gram +ve	64(27.47)
Erwinia	*Erwinia chrysanthemi*	Gram -ve	1 (0.42)
Escherichia	*Escherichia coli*	Gram -ve	7 (3.0)
Morganella	*Morganella morganii*	Gram -ve	2 (0.86)
Klebsiella	*Klebsiella pneumoniae*	Gram -ve	4 (1.72)
Proteus	*Proteus penneri*	Gram -ve	25 (10.73)
Serratia	*Serratia fonticola, Serratia marcescens, Serratia rubidaea*	Gram -ve	14 (6.01)
Shigella	*Shigella sonnei*	Gram -ve	1 (0.43)
Staphylococcus	*Staphylococcus aureus*	Gram +ve	5 (2.15)
Yersnia	*Yersnia enterocolitica*	Gram -ve	11 (4.72)
			233 (100.0)

A placa 4 mostra as reacções de gram de alguns isolados, observadas em imersão em óleo (objetiva x100 de um microscópio). A - bastonetes Gram negativos, B - bastonetes grandes Gram negativos, C - bastonetes curtos Gram negativos

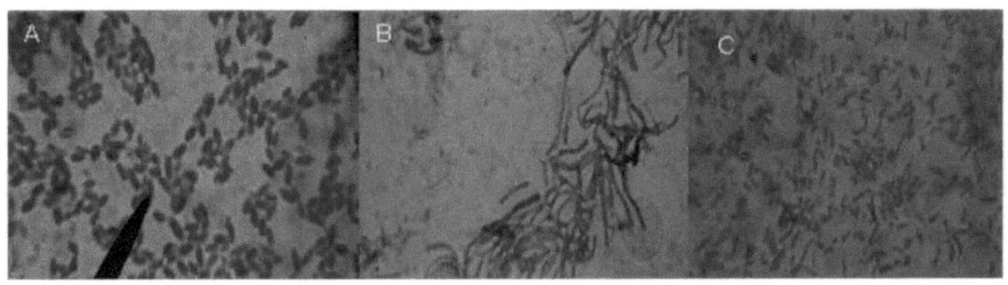

Placa 4: Reacções de coloração de Gram de bactérias isoladas de produtos à base de plantas (A, B e C)

O espetro de fungos isolados dos produtos à base de plantas

Os seguintes fungos foram isolados e identificados a partir dos produtos à base de plantas: *Absidia corymbifera, Alternaria alternate, Aspergillus candidus, A. flavus, A. fumigatus, A. glaucus, A. nidulans, A. niger, A. parasiticus, A. ustus, A. versicolor, Candida glabrata, Penicillium spp, P. verrucosum, Rhizomucor pusillus, Rhizopus arrhizus, Fusarium spp.* e *Rhodotorula glutinis*. Os fungos foram agrupados em três categorias: filamentosos, dimórficos e leveduras (Quadro 4).

Quadro 4: O género e os epítetos específicos dos fungos isolados de produtos à base de plantas

Genus	Species	Description	Freguency (%)

Absidia	*Absidia corymbifera*	Filamentous	4 (2.8)
Alternaria	*Alternaria alternata*	Dimorphic	4 (2.8)
Aspergillus	*Aspergillus candidus, A. flavus, A. fumigatuss, A. glaucus, A. nidulans, A. niger, A. parasiticus, A. ustus, A. versicolor*	Filamentous	62 (43.4)
Candida	*Candida glabrata*	Yeast	13 (9.1)
Fusarium	*Fusarium moliniform, F. oxysporum, F. solani, Fusarium spp.*	Filamentous	25 (17.5)
Penicillium	*Penicillium spp*	Filamentous	23 (16.1)
Rhizomucor	*Rhizomucor pusillus*	Filamentous	2 (1.4)
Rhizopus	*Rhizopus arrhizus*	Filamentous	4 (2.8)
Rhodotorula	*Rhodotorula glutinis*	Yeats	6 (4.2)
			143 (100.0)

A placa 5 mostra; A- espécies de *Candida* (levedura), B- espécies de *Aspergillus* e C-Espécies de *Penicillium* ao microscópio (objetiva x40).

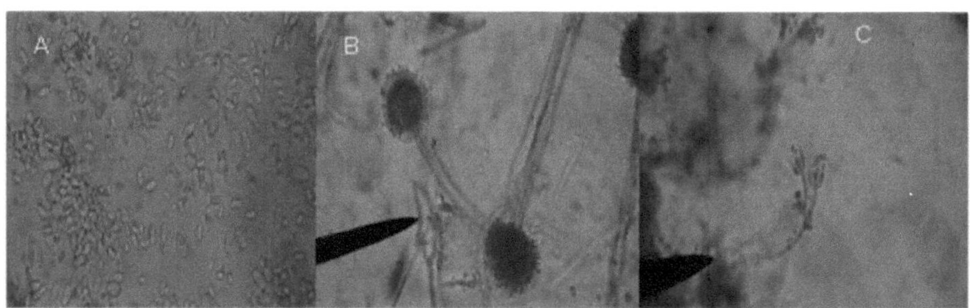

Placa 5: Apresentação microscópica de *Candida glabrata* (A), *Aspergillus* spp (B) e *Penicillium* spp (C)

Discussões

Neste estudo, 117 (84,8%) amostras estavam contaminadas com bactérias aeróbias, formas de coli e outras bactérias patogénicas. As matérias-primas vegetais contêm normalmente bactérias ambientais, daí os elevados níveis de contaminação observados neste estudo. A contaminação pode resultar de várias fontes, incluindo procedimentos de limpeza incorrectos e secagem ao ar livre de materiais vegetais. Isto resulta em contaminação com solos e poeiras. Do mesmo modo, os produtos à base de plantas são preparados a partir de raízes e cascas de caule que já estão em contacto com o solo. Os produtos à base de plantas não transformados contêm microrganismos indígenas do solo. Os produtos em bruto e semi-transformados foram distribuídos em condições pouco higiénicas pelos ervanários, o que levou à contaminação. Os produtos que foram totalmente processados, embalados e corretamente rotulados foram menos contaminados. A qualidade microbiana dos produtos medicinais à base de plantas é influenciada pelo ambiente, pelos procedimentos de manuseamento e pela qualidade das matérias-primas utilizadas durante a formulação.

No total, 56 (47,9%) amostras tinham unidades formadoras de colónias bacterianas superiores a $1,0x10^3$. A embalagem dos produtos à base de plantas por alguns vendedores pode ter contribuído para a elevada carga de contaminação. Estes resultados são semelhantes aos relatados por Kaume *et al.*, (2012) no seu estudo sobre a contaminação microbiana de ervas comercializadas a pessoas infectadas pelo VIH em Nairobi, que referiu que a embalagem era uma das fontes de contaminação. O processamento de produtos à base de plantas em xaropes, cremes e cápsulas normalmente reduz a taxa de contaminação bacteriana. Alguns destes produtos são misturados com estabilizadores e conservantes, reduzindo assim os contaminantes. Os limites de contaminação bacteriana indicados na Farmacopeia Europeia (2007), conforme relatado por Okunola *et al*, (2007) e EHIA, (2011), são bactérias aeróbias totais 10^5 cfu/g, *Enterobactérias* e outras Gram-negativas 10^3 cfu/g; enquanto *E. coli* e *Salmonella* devem estar ausentes. Alguns produtos à base de plantas neste estudo (47,9%) não cumpriam as especificações da farmacopeia europeia, pelo que são inaceitáveis. Onyambu *et al.*, (2013) relataram conclusões semelhantes num estudo de inquérito no Quénia; que a maioria das amostras de medicamentos à base de plantas não registadas registaram cargas microbianas que variam entre $3{,}00 \times 10^6$ e $1{,}56 \times 10^{10}$ ufc/ml, níveis que excedem de longe os níveis recomendados.

Este resultado mostrou que a carga microbiana dos produtos amostrados variava consideravelmente. As amostras estavam contaminadas, em graus variáveis, com diferentes espécies de bactérias. É preocupante o nível de contaminação dos produtos por organismos Gram-negativos, que são considerados patogénicos.

Os contaminantes bacterianos isolados neste estudo incluíram; *Enterobacter, Proteus, Serratia, Streptomyces, Yersnia, Klebsielae, Escherichia, Staphylococcus, Shigella* e *Bacillus* entre outros. Algumas destas bactérias apresentam graves riscos para a saúde, especialmente *E. coli, Klebsielae, Staphylococcus aureus* e *Shigella*, uma vez que estão associadas a doenças infecciosas e a intoxicações alimentares. Lau *et al.* (2003), num estudo, referiram que alguns surtos de doenças infecciosas foram associados à utilização de matérias-primas de origem natural fortemente contaminadas. Em estudos semelhantes, foram isolados contaminantes bacterianos que apresentam riscos graves para a saúde, tais como bactérias patogénicas como *Salmonella, E. coli, Staphylococcus, Shigella* e outras estirpes gram positivas e gram negativas (Ogunshe *et al*, 2006; Abba *et al*, 2009; Nordmann *et al.*, 2011). De especial interesse é a *E. coli*, que é uma indicação de contaminação da urina e das fezes, apontando assim para condições de higiene muito deficientes. Práticas anti-higiénicas no processamento de HMPs, que podem potencialmente contaminar estes produtos, também foram relatadas em estudos feitos em Dar es Salaam,

Tanzânia e África do Sul (Temu-Justin *et al.,* 2011; Govender *et al.,* 2006).

As bactérias Gram-negativas patogénicas, como *a Shigella, Proteus* e *E. coli*, que se esperava estarem ausentes, foram indicações positivas dos riscos colocados pela utilização de preparações à base de plantas. Tendo em conta os factos acima referidos e o aumento da utilização de medicamentos à base de plantas na sociedade, juntamente com as deficientes medidas de controlo da qualidade tomadas pelos fabricantes e vendedores, coloca-se um grande ponto de interrogação quanto à segurança para a saúde dos consumidores. Uma das principais deficiências das preparações à base de plantas nos países em desenvolvimento, incluindo o Quénia, são as condições em que são produzidas. Estas condições são, na sua maioria, más e anti-higiénicas.

A identificação dos vários microrganismos nos medicamentos à base de plantas teve como objetivo isolar as bactérias com importância clínica. Os medicamentos concebidos com o objetivo de proporcionar benefícios quimioterapêuticos e farmacológicos devem ser eficazes contra a condição médica visada. Vários factores podem comprometer este objetivo, sendo um deles a possível contaminação com microrganismos patogénicos e não patogénicos (Okunlola *et al.*, 2007). Para além da possível degradação microbiana dos constituintes activos contidos nas preparações à base de plantas, a presença destes microrganismos contaminantes pode constituir uma fonte de infeção e um risco grave para a saúde dos consumidores das preparações à base de plantas, que provavelmente já se encontravam sobrecarregados com as condições médicas graves para as quais os medicamentos à base de plantas foram inicialmente indicados (Bowler *et al.*, 2001). As bactérias isoladas dos produtos à base de plantas recolhidos em diferentes locais foram agrupadas em 13 géneros: *Bacillus*, *Klebsiella*, *Proteus*, *Staphylococcus*, *Streptomyces*, *Escherichia*, *Enterobacter*, *Serratia*, *Yersnia*, *Morganella*, *Citrobacter*, *Erwinia* e *Shigella*. No presente estudo, as bactérias do solo constituíram a maior parte dos isolados. Estas bactérias eram *Streptomyces* spp. [74(53,6,0%] e *Bacillus anthracoides* [64(46,4%], que são indicadores de contaminação ambiental. De acordo com um estudo de Grierson (1928), o *B. anthracoides* é patogénico para cobaias e ratos em condições experimentais e parece ocupar uma posição entre o *B. anthracis* virulento e os membros não patogénicos do grupo de bacilos aeróbicos esporulados, por exemplo, *B. subtilis*, *B. mesentericus*.

As bactérias isoladas mais importantes que causam doenças humanas foram *Klebsiella pneumoniae, Staphylococcus, Proteus, Shigella sonnei* e *Escherichia coli*, entre outras formas de coli. Os resultados coincidem com um estudo semelhante efectuado por Frazier & Westhoff, (2003) que isolou bactérias de importância clínica, tais como *Bacillus* species *Salmonella sp.* e *E. coli* a partir de produtos à base de plantas. No entanto, as espécies de *Salmonella* não foram isoladas no presente estudo. Shukla *et al.* (2004), num estudo semelhante, relataram uma elevada taxa de recuperação destas bactérias suspeitas de serem infecciosas a partir de medicamentos indígenas à base de plantas consumidos oralmente. Danladi *et al.* (2008), no seu estudo sobre preparações à base de plantas, obtiveram resultados quase semelhantes. A presença de espécies de *Bacillus* pode dever-se a um processamento térmico inadequado, a um manuseamento incorreto dos produtos e a equipamento de processamento contaminado. *Escherichia coli* também foi isolada de sete (5,1%) amostras, indicando contaminação fecal. . Um estudo anterior relatou contagens elevadas de coli, até $3{,}4 \times 10^4$ CFU/g, noutros produtos botânicos, como a camomila (Foote *et al.*, 2005). Um estudo semelhante realizado por Onyambu *et al.*, (2013) sobre a qualidade microbiana de produtos medicinais à base de plantas não regulamentados no Quénia concluiu que a maioria das amostras estava contaminada com bactérias patogénicas. Bonkoungou *et al.* (2013), num estudo, descobriram que 75% das amostras estavam contaminadas com *Escherichia coli* e outros agentes patogénicos entéricos. Estudos anteriores realizados no Quénia e na Nigéria (Okunlola *et al.*, 2007; Temu-Justin *et al.*, 2011; Onyambu *et al.*, 2013) obtiveram resultados semelhantes relativamente à elevada prevalência de bactérias entéricas. Assim, concordam com os resultados do presente estudo, que mostraram que as amostras estavam contaminadas com agentes patogénicos entéricos. Estudos de Marcelo & Ta^s (2012) sobre a Qualidade Microbiana de Materiais de Plantas Medicinais observaram que, embora as enterobactérias possam ser encontradas na natureza, esta família possui algum valor indicativo de contaminação fecal. Além disso, a espécie indicadora que denota contaminação feacal recente (*Escherichia coli*) representou 5,1% de todas as formas de coli bacterianas isoladas. Foram registadas contagens elevadas de *Escherichia coli* (65,3%) na Nigéria por Okunlola *et al.*, (2007). A variação nos isolados bacterianos pode estar relacionada com as fontes das matérias-primas e dos solventes utilizados para as preparar, bem como com a extensão do nível de contaminação ambiental.

Kosalec *et al.*, (2009) observou que *a E. coli*, juntamente com outros grupos de coliformes, pode ser tomada como um indicador de condições de higiene indesejáveis, embora esta conclusão tenha de estar relacionada com a magnitude da contagem viável medida. Argumentou ainda que *Staphylococcus aureus* não é um contaminante comum de materiais vegetais e é relativamente raro encontrá-lo na natureza. No entanto, este organismo foi isolado de algumas amostras no presente estudo e, por conseguinte, a contaminação poderia fornecer a quantidade de enterotoxina produzida por *S. aureus*, dependendo da natureza específica do indivíduo, tal como descrito por Kosalec *et al.*, (2009) num estudo. O presente estudo revelou que a maior parte dos produtos à base de plantas comercializados em Nairobi estão contaminados com bactérias do género Coli. As elevadas taxas de contaminação dos produtos medicinais à base de plantas foram também comunicadas por estudos realizados em Kaduna-Nigéria, Nairobi -

Quénia, Dhaka - Bangladesh e, recentemente, na cidade de Mwanza (Okunlola *et al.*, 2007; Onyambu *et al.*, 2013; Khanom *et al.*, 2013; Clementine *et al.*, 2016; Keter *et al.*, 2016).

As contaminações por fungos e as suas cargas resultantes foram também determinadas e apresentadas como unidades formadoras de esporos/colónias (ufc/g) para bolores e leveduras neste estudo. Neste estudo, a contaminação por fungos foi observada em 44,2% das amostras.

Os materiais vegetais são propensos à infestação de bolores quando armazenados em condições húmidas com temperaturas elevadas. Em geral, os medicamentos à base de plantas são considerados isentos de efeitos secundários, mas as más práticas de colheita, recolha, transporte e armazenamento conduzem frequentemente a um crescimento extensivo de fungos e à acumulação de toxinas. As contaminações por fungos e micotoxinas são a principal causa do declínio do valor de mercado das matérias-primas dos medicamentos à base de plantas. Esta contaminação degrada a qualidade das matérias-primas e o valor medicinal dos medicamentos à base de plantas formulados. Foram prescritos conservantes químicos sintéticos para controlar diferentes contaminações fúngicas pós-colheita, mas devido à sua toxicidade residual e para os mamíferos, as indústrias farmacêuticas à base de plantas necessitam de alguns produtos químicos mais seguros como conservantes durante o processamento pós-colheita de matérias-primas à base de plantas.

Em geral, as unidades formadoras de colónias de fungos foram mais baixas em comparação com as ufc/g bacterianas neste estudo; variaram entre 1cfu/g - 500cfu/g. A maioria (93,4%) das amostras contaminadas com fungos tinha ufc/g variando de 1cfu/g a 100cfu/g. Apenas 1 (1,6%) amostra tinha as cargas mais elevadas de fungos de 500cfu/g. Os limites recomendados pela Farmacopeia Europeia para bolores e leveduras são 105/104 ufc/g: O primeiro valor representa os medicamentos à base de plantas aos quais é adicionada água a ferver antes da utilização;

enquanto o segundo valor representa os medicamentos à base de plantas aos quais não é adicionada água a ferver antes da utilização (Farmacopeia Europeia, 2007). No total, quatro (6,6%) amostras contaminadas não cumpriram os limites de contaminação por fungos especificados na Farmacopeia Europeia.

A cultura e as caraterísticas morfológicas constituíram a base do isolamento e identificação dos fungos neste estudo. Os isolados fúngicos de todas as amostras deste estudo foram agrupados em fungos patogénicos, bolores ambientais e leveduras. Foram identificados fungos pertencentes a sete géneros: *Aspergillus, Absidia*, *Candida, Penicillium, Rhizomucor, Rhodotorula* e *Trichophyton.* O género *Aspergillus* foi o género mais dominante recuperado, seguido de *Penicillium.* Estas observações estão de acordo com os relatórios de outros investigadores (Freire *et al.,* 2000; Elshafie *et al.,* 2002 e Mandeel, 2005). A presença de uma vasta gama de fungos de conservação indica que podem ser efectuadas melhorias consideráveis durante a conservação pós-colheita. As estirpes de *Aspergillus flavus*, *A. niger* e espécies de *Penicillium* foram as mais dominantes e frequentemente isoladas entre os bolores. Estes resultados aproximam-se de relatórios anteriores que mostraram que *Aspergillus flavus* era o principal contaminante de diferentes amostras de ervas e especiarias (Mandeel, 2005). *Aspergillus* e *Penicillium* são os dois principais géneros que produzem micotoxinas (Rodriguez-Amaya & Sabino, 2002). A presença de bolores como *Penicillium* spp, *Candida* spp e *Aspergillus* spp constitui uma preocupação adicional. Lin *et al.*, (2001) e Bateman *et al.*, (2002) nos seus estudos aludiram ao facto de que, tanto *Penicillium* spp como

Os Aspergillus spp estão associados a intoxicações alimentares e podem ser responsáveis por infecções, particularmente em indivíduos imunocomprometidos. *O Penicillium* spp foi isolado de produtos sólidos e líquidos à base de plantas num estudo realizado por Esimone *et al.* (2007). Além disso, *Penicillium* spp produz a micotoxina ocratoxina A, que é nefrotóxica e carcinogénica (Burge, 1989).

Diversos estudos (Verma & Heffeman, 2008; Moreno & Arenas, 2010; Bassiri *et al*, 2010) revelaram que as onicomicoses não são causadas apenas por dermatófitos, mas ocasionalmente por fungos não dermatófitos, incluindo *Aspergillus* spp., *Fusarium* spp. e *Acremonium* spp. Gianni *et al.* (2000) observaram que, no passado, os bolores eram considerados fungos saprófitos ou oportunistas e eram basicamente ignorados. Recentemente, devido a um aumento do número de casos de imunodepressão e de alterações ambientais, tem sido dada mais atenção a este grupo de fungos, que é vasto mas geralmente não patogénico. A onicomicose causada por fungos não dermatofíticos está a tornar-se cada vez mais prevalente, mesmo em pessoas saudáveis. Esta aparente emergência pode ser um artefacto de técnicas de diagnóstico melhoradas ou de uma maior consciência de que estes fungos são potenciais agentes etiológicos (Gupta *et al.*, 2003). Outros estudos (Giann & Romano, 2004; Romano *et al.*, 2005; Gupta *et al.*, 2008) registaram casos de onicomicose causados por *Aspergillus* spp. em todo o mundo. Surjushe *et*

al., (2007) num estudo também relataram onicomicose causada por *Aspergillusniger*.

Conclusão

É evidente que os medicamentos à base de plantas vendidos em Nairobi estão altamente contaminados com micróbios que são potenciais agentes patogénicos. Os níveis foram: 84,8% de amostras contaminadas com bactérias e 44,2% de amostras contaminadas com fungos. Alguns produtos tinham cfu/g para além dos limites aceites pela Farmacopeia Europeia. A elevada contagem de microrganismos nocivos pode afetar a saúde humana e a qualidade dos medicamentos, o que realça a necessidade de melhorar a qualidade do material vegetal e de estabelecer melhores condições higiénicas para os produtos medicinais à base de plantas. A qualidade tem de ser integrada em todo o processo, desde a seleção do material de propagação até ao produto final que chega ao consumidor. Assim, é necessário um acompanhamento e um controlo constantes das normas dos medicamentos à base de plantas disponíveis no mercado.

Recomendações

Por conseguinte, há uma necessidade urgente de ter programas educativos específicos, políticas e regulamentos que abordem a segurança dos HMPs e que se centrem especificamente na prevenção da contaminação microbiana, de modo a evitar a possibilidade de estes agentes patogénicos estarem envolvidos em infecções invasivas mortais. Será importante realizar um grande estudo com uma amostra de grandes dimensões para mostrar a extensão da contaminação microbiana em HMPs de outras partes do Quénia, bem como para avaliar as semelhanças entre estes agentes patogénicos e os que estão implicados em infecções.

Agradecimentos

Estamos muito gratos à NACOSTI pelo financiamento deste trabalho. Gostaríamos também de agradecer sinceramente aos diretores do Instituto de Investigação Médica do Quénia e do

Universidade de Nairobi por proporcionar um ambiente propício à realização deste trabalho.

Conflito de interesses

Declaramos não existir qualquer conflito de interesses relativamente à publicação deste manuscrito.

Referências

Abba, D., Inabo, H.I., Yakubu, S.E. & Olonitola, O.S. (2009). Contaminação de produtos medicinais à base de plantas comercializados na metrópole de Kaduna com bactérias patogénicas selecionadas. *Jornal Africano de*

Medicinas Tradicionais, Complementares e Alternativas; 6(1):70-77. [PMC free article] [PubMed]

Aschwanden C. (2001). Ervas para a saúde, mas até que ponto são seguras? *Boletim da Organização Mundial de Saúde*, 79(7):691-692. **Google Scholar**

Bassiri-Jahromi, S. &Khaksar, A.A. (2010). Bolores não dermatofíticos como agente causador de onicomicose em Teerão. *Indian J Dermatol*. 2010;55:140-143. [PMC free article] [PubMed]

Bateman, A.C., Jones, G.R., O'Connell, S., Clark, F.J. & Plummeridge, M. (2002). Hepatoesplenomegalia maciça causada por *Penicillium marneffei* associada à infeção pelo vírus da imunodeficiência humana num paciente tailandês. *J. Clin. Path.* 55: 143-144.

Bateman, A.C., Jones, G.R., O'Connell, S., Clark, F.J. & Plummeridge, M. (2002). Hepatoesplenomegalia maciça causada por *Penicillium marneffei* associada à infeção pelo vírus da imunodeficiência humana num paciente tailandês. *J. Clin. Path.* 55: 143-144.

Bii, C., Korir, K., Rugut, J. & Mutai, C. (2010). A utilização potencial de *Prunus africana* para o controlo, tratamento e gestão de infecções fúngicas e bacterianas comuns. *Jornal de investigação de plantas medicinais;* 4(11):995-998.

Bodeker, G., Carter, G., Burford, G. & Dvorak-Little, M. (2006). VIH/SIDA: Sistemas tradicionais de cuidados de saúde na gestão de uma epidemia global. *J Altern Comp Med*; 12(6):563-576.

Bowler, P.G., Duerden, B.I. & Armstrong, D.G. (2001). Microbiologia de feridas e abordagens associadas à gestão de feridas. *Clin Microbiol Rev;* 14 (2): 244-69.

Burge, H.A. (1989). Alergénicos transportados pelo ar. *Immunology Allergy Clinical Northern American Journal,* 9: 307-319

Candlish, A. A. G., Pearson, S. M., Aidoo, K. E., Smith, J. E., Kelly, B. & Irvine, H. (2001). Um estudo de alimentos étnicos sobre a qualidade microbiana e o teor de aflatoxinas. *Food Addit Contam*; 18(2):129-136.

Danladi, A., Helen I., Sabo, E. & Olayeni, S. (2008). Contaminação de Produtos Medicinais à Base de Plantas Comercializados na Metrópole de Kaduna com Bactérias Patogénicas Selecionadas. *Afr. J. Tradit. Complement Altern. Med,* 6(1)7077.

EHIA, (2011). Especificação microbiana para extractos de infusões de ervas e frutos. 1. Hamburgo: Associação Europeia de Infusões à Base de Plantas; p. 4.

Ekor, M. (2014). A crescente utilização de medicamentos à base de plantas: questões relacionadas com reacções adversas e desafios na monitorização da segurança. *Front Pharmacol*, 4:17. **PubMed| Google Scholar**

Elshafie, A., Al-Rashdi, T., Al-Bahry, S. & Bakheit, C. (2002). Fungi and Aflatoxins Associated with Spices in the Sultanate of Oman (Fungos e Aflatoxinas Associados a Especiarias no Sultanato de Omã). *J. Mycopathologia*; 155: 155-160.

Esimone, C.O., Ibezima, E.C. & Oleghe, P.O. (2007). Contaminação microbiana grosseira de produtos medicinais à base de plantas comercializados no Centro-Oeste da Nigéria. *Int. J. Mol. Med. and Advanc. Sci.* 3: 87-92.

Farmacopeia Europeia, (2007): Direção da Qualidade dos Medicamentos do Conselho da Europa, 5.ª edição. Estrasburgo, França. 2: A184-A192.

Farkas, J. (2000). Spices and herbs In: The microbiological safety and quality of food, Aspen Publishers Gaithersburg; p. 897-918.

Foote, J. C., Thompson, L D. & Wester, D. B. (2005) Microbiological quality of chamomile; J *Am Diet Ass (Suppl).* 10(25); 105-38.

Frazier, W. & Westhoff, D. (2003). Microbiologia Alimentar. 4th. Edition. McGraw-Hill Publishing Company Ltd; PP.66-67.

Freire, F., Kozakiewicz, Z. &Paterson, R. (2000). Micoflora e Micotoxinas em Pimenta Preta, Pimenta Branca e Castanha do Brasil.

Mycopathologia; 149: 13-19.

Gianni, C. & Romano, C. (2004). Aspectos clínicos e histológicos da onicomicose das unhas dos pés causada por Aspergillus spp: 34 casos tratados com terbinafina intermitente semanal. *Dermatologia*; 209:104-110. [PubMed]

Gianni, C., Cerri, A. & Crosti, C. (2000). Onicomicose não dermatofítica. Uma entidade subestimada? Um estudo de 51 casos. *Mycoses Journal*; 43:2933. [PubMed]

Govender, S., Du Plessis-Stoman, D., Downing, T. & Van de Venter, M. (2006). Medicamentos tradicionais à base de plantas: contaminação microbiana, segurança do consumidor e necessidade de normas: carta de investigação. *Revista Sul-Africana de Ciência*; 102(5 e 6): 253-255. PubMed| Google Scholar

Gupta, A.K., Ryder, J.E., Baran, R. & Summerbell, R.C. (2003) Non-dermatophyte onychomycosis. *Dermatol Clin*; 21:257-268. [PubMed]

Gupta, M., Sharma, N.L., Kanga, A.K., Mahajan, V.K. & Tegta, G.R. (2008). Onicomicose: estudo clínico-micológico de 130 pacientes de Himachal Pradesh, Índia. Indian J Dermatol Venereol Leprol; 73:389392. [PubMed]

Harnack, J. L., Rydell, S.A. & Stang, J.V., (2001). Prevalência da utilização de produtos à base de plantas por adultos em Minneapolis/St.Paul, Minn, Área Metropolitana Mayo Clinical Proc; 7(76):688-694.

Jia, W. & Zhang, L. (2005) Challenges and Opportunities in the Chinese Herbal Drug Industry 20(5); 229-250.

Kaume, H., Chetna, B. & Anoop, B. (2012). Distribuição e usos indígenas de algumas plantas medicinais do distrito de Uttarkashi, Índia. *J. Dist. and Indigenous Uses of Local Herbal Prod.*; 1(6): 38-40

Keter, L., Too, R., Mutai, C., Mwikwabe, N., Ndwigah, S., Orwa, J., Mwamburi, L. & Korir, K. Bactérias contaminantes e sua sensibilidade aos antibióticos de produtos medicinais à base de plantas selecionados de Eldoret e Mombaça, Quénia. Jornal Americano de Microbiologia. *American Journal of Microbiology,* 2016; 7(1): 18-28.

Khanom S, Das KK, Banik S, & Noor R. (2013). Análise microbiológica de medicamentos orais líquidos disponíveis no Bangladesh. *Int J Ph a arm PharmSci*, 5(4):479-482. **PubMed| Google Scholar**

Kigen, G.K., Ronoh, H.K., Kipkore, W.K., & Rotich, J.K. (2013). Tendências actuais da prática da medicina tradicional à base de plantas no Quénia: uma revisão. Jornal Africano de Farmacologia e Terapêutica, 2(1):32-37

Korir, R., Kimani, C., Gathirwa, J., Wambura, M. & Bii, C. (2012). Propriedades antimicrobianas in vitro de extractos de metanol de três plantas medicinais do distrito de Kilifi - Quénia; *Afr J Health Sci.* 2(20):4-10.

Kosalec, I., Cvek, J. & Tomic, S. (2009). Contaminantes de ervas medicinais e produtos à base de plantas. *Arquivos de Higiene e Toxicologia Industrial*, 60, 485-501.

Langlois-Klassen, D., Kipp, W., Jhangri, G. S. & Rubaale, T. (2007). Utilização de medicamentos tradicionais à base de plantas por doentes com SIDA no distrito de Kabarole, Uganda Ocidental. *Am J Trop MedHyg*; 77(4):757-763.

Lau, A., Holmes, M., Woo S. & Koh, H. (2003). Análise de adultcrants num medicamento tradicional à base de plantas utilizando espetroscopia de massa por cromatografia líquida. *J. pharm. Bio. An.*; 31:401-406.

Lin, S.J., Schranz, J. & Teutsch, S.M. (2001). Aspergillosis casefatality rate: systematic review of the literature. *Clinic. Infect. Dis.* 32: 358-366.

Liu, J.P., Manheimer, E. & Yang, M. (2005). Medicamentos à base de plantas para o tratamento da infeção pelo VIH e da SIDA. *Cochrane Database Syst Rev*; 2:1-23.

Mandeel, Q. (2005). Contaminação fúngica de algumas especiarias importadas. *Mycopathologia*, 159; 291-298.

Marcelo, G.A. & Ta^s, M. B. (2012). Qualidade Microbiana de Materiais de Plantas Medicinais; Últimas Pesquisas em Controlo de Qualidade; Capítulo quatro; ; http://dx.doi.org/10.5772/51072; páginas 67-80.

Moreno, G. & Arenas, R. (2010). Outros fungos causadores de onicomicose. *Clin Dermatol*; 28:160-163. [PubMed]

Nordmann, P., Naas, T., & Poirel, L. (2011). Global spread of Carbapenemase-producing Enterobacteriaceae. *Emerg. Infect. Dis.*, 17, 1791-1798.

Ogunshe, A.A.O., Fasola, T.R. & Egunyomi, A. (2006). Perfis bacterianos e preferência do consumidor de alguns medicamentos indígenas à base de plantas consumidos oralmente na Nigéria. *J Rural Trop Pub Health*;5:27-33.

Okunlola, A., Adewoyin, B.A. & Odeku, O.A. (2007). Avaliação das qualidades farmacêuticas e microbianas de alguns produtos medicinais à base de plantas no sudoeste da Nigéria. *Tropical Journal of Pharmaceutical Research*; 6(1):661-670. PubMed| Google Scholar

Onyambu, M.O., Chepkwony, H.K., Thoithi, G.N., Godfrey, O.O. & Osanjo, G.O. (2013). Qualidade microbiana de produtos medicinais à base de plantas não regulamentados no Quénia *Jornal Africano de Farmacologia e Terapêutica;* 2(3): 70-75.

Rodriguez-Amaya, D.B. & Sabino, M. (2002). Pesquisa de micotoxinas no Brasil: A última década em revisão. *Braz J Microbiol*; 33:1-11.

Romano, C., Gianni, C. & Difonzo, E.M. (2005). Estudo retrospetivo da onicomicose em Itália: 1985-2000. *Mycoses Journal*; 48:42-44. [PubMed]

Shukla, S., Stemper, M., Ramaswamy, S., Conradt, J., Reich, R., Graviss, E. & Reed, K. (2004). Caraterísticas moleculares de clones de Staphylococcus aureus resistentes à meticilina associados à comunidade nosocomial e nativa americana da zona rural de Wisconsin. *J Clinic Microbiol*; 42:37523757.

Surjushe, A., Kamath, R., Oberai, C., Saple, D., Thakre, M., & Dharmshale, S. (2007). A clinical and mycological study of onychomycosis in HIV infection. *Indian J Dermatol Venereol Leprol.* 73: 397 - 401.

Temu-Justin, M., Lyamuya, E.F. & Makwaya, C.K. (2011). Fonte de contaminação microbiana de medicamentos naturais à base de plantas, terapeuticamente utilizados e preparados localmente, vendidos no mercado livre em Dar es Salaam, Tanzânia.

Revista Africana de Ciências da Saúde; 18(1-2). PubMed| Google Scholar

ONUSIDA/OMS, (2009). Programa Conjunto das Nações Unidas sobre o VIH/SIDA e atualização da epidemia de SIDA da Organização Mundial de Saúde rumo ao acesso universal: Intensificação das intervenções prioritárias no domínio do VIH/SIDA no sector da saúde. Relatório de progresso - Genebra

Verma, S. & Heffeman, M.P. (2008). Infecções fúngicas superficiais: dermatofitoses, onicomicoses, tinea nigra, piedra. In: Wolff K, Goldsmith LA, Katz SI, Gilchrest BA, Paller AS, Leffell DJ, editores. Dermatologia de Fitzpatrick em medicina geral. 7a ed. Nova Iorque: McGraw-Hill; pp. 1807-1821.

Whitcher, J.P., Srinivasan, M. & Upadhyay, M.P. (2001). Cegueira da córnea: uma perspetiva global. Boletim do Órgão Mundial de Saúde. 2001; 79(3):214-221.

PubMed| Google Scholar

OMS, (2010). Resistência antimicrobiana. Recuperado de http: //www.eoearth.org/ view/article/ 150137. Acedido: 17 de novembro de 2010, 19:30h

OMS, (2013). Diretrizes para a avaliação da qualidade dos medicamentos à base de plantas com referência a contaminantes e resíduos, WHO Press, Organização Mundial da Saúde, 20 Avenue Appia, 1211 Genebra 2, Suíça.SPSS Versão 9.1.

OMS. (2007). Diretrizes da Organização Mundial de Saúde para avaliar a qualidade dos medicamentos à base de plantas com referência a contaminantes e resíduos. Genebra: Organização Mundial de Saúde. 2007. **Google Acadêmico**

Zhang, X. (2008) Medicina tradicional: Definições. Ficha informativa da OMS 2007

Capítulo 2

Resumo

As ervas medicinais têm sido contaminadas por microrganismos indígenas do ambiente. Estes micróbios tornam-se uma ameaça quando apresentam caraterísticas de resistência aos medicamentos. O objetivo deste estudo foi avaliar as caraterísticas fenotípicas e genotípicas de resistência aos medicamentos de bactérias isoladas de produtos medicinais à base de plantas em Nairobi, no Quénia. O estudo utilizou um modelo experimental exploratório e laboratorial. Os produtos à base de plantas foram adquiridos nos mercados e transportados para os laboratórios do KEMRI para serem processados. Foram determinados a contaminação microbiana e o teste de suscetibilidade aos antibióticos. Os genes de resistência aos antibióticos foram determinados utilizando a reação em cadeia da polimerase. Os dados foram codificados e analisados com recurso ao SPSS. Foi recolhido um total de 138 amostras de produtos à base de plantas. Cento e dezassete (84,8%) amostras estavam contaminadas com bactérias. Foram isolados e identificados cerca de 13 géneros de bactérias. Trinta e cinco (36,5%) bactérias isoladas eram resistentes ao painel de antibióticos testados. Verificou-se uma associação entre a resistência fenotípica e genotípica aos medicamentos. A partir deste estudo, é evidente que os produtos à base de plantas vendidos em Nairobi estão altamente contaminados com microrganismos patogénicos. As preparações medicinais à base de plantas são um potencial reservatório e disseminação de microrganismos multirresistentes. Há uma necessidade urgente de ter programas educativos específicos, políticas e regulamentos sobre MHP para a segurança da saúde pública.

Palavras Chave: Medicamentos à base de plantas, isolados, Resistentes a fármacos; bacterianos, Antibióticos, suscetibilidade, fenotípica e genotípica

Introdução

As bactérias resistentes aos antibióticos têm sido uma fonte de um desafio terapêutico cada vez maior [1]. A má gestão contínua dos antibióticos e a pressão selectiva resultante contribuíram para o aparecimento de bactérias resistentes a múltiplos medicamentos, o que tem sido considerado como uma resposta genética inevitável à terapia antimicrobiana [2]. Os micróbios infecciosos resistentes aos medicamentos tornaram-se uma preocupação importante em termos de saúde pública, o que justifica que as organizações dos sectores público e privado de todo o mundo trabalhem em conjunto [3, 4]. Para além da ameaça à saúde pública, a procura de novos tratamentos sensíveis aos micróbios para vencer os micróbios resistentes é geralmente muito dispendiosa e contribui para o aumento dos custos dos cuidados de saúde, que é atribuído ao prolongamento do internamento hospitalar [4].

A resistência microbiana aos agentes antimicrobianos é geralmente mediada por genes que codificam a resistência. Os genes de resistência são cromossómicos (intrínsecos) ou codificados por plasmídeos (extrínsecos). Os plasmídeos são moléculas de ADN extra-cromossómico auto-replicantes que se encontram em bactérias Gram negativas e Gram positivas, bem como em alguns fungos (leveduras e bolores). A determinação dos genes de resistência aos antibióticos através da utilização de técnicas de reação em cadeia de polimerização (PCR) fornece informações sobre a informação genética relacionada com a resistência a um ou mais antibióticos. A informação genética pode também refletir a extensão ou quantidade da resistência múltipla aos medicamentos. As estirpes de bactérias resistentes podem desenvolver-se em quase todo o lado, especialmente num ambiente pressurizado que contenha como contaminantes estirpes de bactérias anteriormente não resistentes. Um desses ambientes pode ser um medicamento à base de plantas (HMP). Os HMPs foram anteriormente implicados como um reservatório para tais contaminações [5, 6]. A utilização de medicamentos à base de plantas como forma de medicina complementar está a tornar-se cada vez mais popular tanto nos países em desenvolvimento como nos países desenvolvidos [7]. Foi demonstrado que cerca de 70% a 80% da população mundial, particularmente nos países em desenvolvimento, depende de regimes de medicamentos à base de plantas para as suas necessidades de saúde primárias [8]. É da maior importância monitorizar e verificar a pureza microbiana dos medicamentos à base de plantas, dadas as enormes implicações médicas e económicas de qualquer contaminação microbiana, especialmente com estirpes resistentes a múltiplos medicamentos. Esta vigilância ajudará a identificar a contaminação microbiana dos produtos à base de plantas e a abrandar e prevenir o aparecimento de estirpes resistentes aos medicamentos. No presente estudo, foram avaliadas HMPs selecionadas de Nairobi, Quénia, para detetar a presença de microrganismos contaminantes que foram posteriormente submetidos a estudos de suscetibilidade para estabelecer os seus perfis de resistência. O ADN dos isolados fenotípicos resistentes foi extraído e utilizado para determinar a resistência genotípica utilizando iniciadores específicos que codificam os genes de resistência aos antibióticos.

Materiais e métodos

Local e conceção do estudo

O estudo foi realizado em Nairobi, a capital e maior cidade do Quénia. Nairobi tem várias clínicas de ervanária, especialmente nas zonas de elevada densidade populacional. No entanto, os produtos/medicamentos à base de plantas também são vendidos em lojas de produtos nutricionais, farmácias/químicas, supermercados, retalhistas locais e vendedores ambulantes, entre outros pontos de venda. O estudo utilizou um modelo experimental exploratório e laboratorial. O investigador utilizou a abordagem do "cliente mistério", que minimizou a parcialidade da informação fornecida pelos vendedores.

Recolha de amostras

Os HMPs foram recolhidos em diferentes vendedores de ervas selecionados em Nairobi

Concelho. O estudo incluiu uma amostra de 138 preparações diferentes de medicamentos à base de plantas, incluindo líquidos, pós, cápsulas, cremes/loções, folhas esmagadas e sais.

Isolamento e identificação de bactérias contaminantes

Os HMPs foram diluídos em série e colocados em triplicado em meios selectivos, diferenciais e de uso geral para o crescimento de bactérias. Foram incubadas a 37°C durante 12-18 horas. As colónias resultantes foram posteriormente purificadas, isoladas e caracterizadas utilizando métodos padrão [9].

Teste de suscetibilidade dos isolados bacterianos

Resumidamente, os seguintes discos antimicrobianos; piperacilina -PRL, ciprofloxacina CIP, norfloxacina -NOR, cefotaxima - CTX, gentamicina -N, sulfametox/trimetoprim -SXT e ceftazidima -CAZ foram colocados em placas de ágar Mueller Hinton semeadas com as estirpes de bactérias. As placas foram incubadas durante a noite (12 - 18 horas) e qualquer microrganismo que mostrasse resistência [10] a qualquer um dos antibióticos foi isolado para estudos posteriores de isolamento do ADN da resistência. Após o isolamento, as bactérias foram armazenadas e conservadas num congelador a 40°C negativos.

Extração de ADN, PCR e eletroforese em gel

As bactérias foram retiradas do congelador, descongeladas e cultivadas em caldo de infusão de cérebro-coração a 37°C durante uma noite. O ADN total foi extraído de 5 ml de uma cultura em caldo cultivada durante a noite. Após a incubação, as células bacterianas foram colhidas por centrifugação a 3000 RPM⁄× g durante 10 minutos; o pellet de células foi suspenso em solução salina tamponada com fosfato com 100 µg de lisostafina por ml e incubado a 37°C durante 30 min. O método de extração de fenol/clorofórmio foi utilizado para a extração de ácidos nucleicos e o ADN foi precipitado em 1 ml de etanol a 70%. O precipitado de ADN foi dissolvido em 50 µl de tampão TE [10 mM cloreto de Tris-1 mM EDTA (pH 8,0)] e armazenado a 20°C negativos até ao processamento [11].

A amplificação por PCR foi efectuada numa mistura de reação de 25 µl (2,5 ml de tampão de reação 10x sem MgC12 ; 200 µM de cada trifosfato de desoxinucleósido, 2 mM MgCl2; 2,5 pmol de cada iniciador e aproximadamente 2 - 4 µl de ADN modelo) e levada até um volume final de 25 µl com água destilada esterilizada livre de

ADN/ARN. A fim de reduzir a formação de produtos de extensão inespecíficos, foi adaptado um protocolo de "arranque a quente". As reacções de PCR foram iniciadas a quente durante 5 minutos a 95°C e colocadas no gelo, tendo sido adicionados 2 µl de Taq polimerase. As misturas de reação foram submetidas a 30 ciclos de PCR (95°C durante 2 min, 1 min a 54°C e 1 min a 72 °C). Foi aplicado um passo de alongamento final a 72 °C durante 7 minutos num termociclador.

Os seguintes genes foram investigados entre os isolados resistentes a medicamentos: o gene *aacA-aphD*, que codifica a resistência à gentamicina, com 227 pares de bases. Os iniciadores são *aacA-aphD*: F-TAATCC AAG AGC AATAAG GGC e aacA-aphD: R- GCC

ACA CTA TCA TAA CCA CTA. O gene BlaCMY tem 205 pares de bases e é responsável pela resistência à cefalosprina de 4.ª geração (cefepima, ceftazidima). Os seus iniciadores são Blacmy: F-GACAGCCTCTTTCTCCACA e Blacmy: R-TGGAACGAAGGCTACGTA. O gene CTX-M, que codifica a resistência ao CTX e ao PRL, tem 499 pares de bases. Os seus iniciadores são: CTXM1: F3, GAC GAT GTC ACT GGC TGA GC e CTXM1: R2-AGC CG C CGA CGC TAA TAC A. O gene gyrA , que codifica a resistência à NOR e à CIP, tem 574 pares de bases. Os seus iniciadores são: GYRA: Fl (5'-ATG TCA GAC AAT CAA CAA CAA GC-3') e GYRA: R3 (5'-ACA TTC TTG CTT CTG TAT AAC GC-3'). O gene *SulA*, que codifica a resistência ao sulfametoxazol/trimetoprim, tem 360 pares de bases. Os seus iniciadores são *SulA*: F-AC TGC CAC AAG CCG TAA e R- GTC CGC CTC AGC

AAT ATC.

Os produtos de ADN foram carregados num gel de agarose e a eletroforese em gel foi efectuada de modo a separar a mistura de pellets de ADN. As bandas de ADN (produtos) foram visualizadas com luz de transmissão U-V e fotografadas juntamente com os controlos e os marcadores de peso molecular. As bandas de ADN foram identificadas em referência ao controlo, a fim de determinar os genes associados. Isto foi utilizado para correlacionar as caraterísticas fenotípicas e genotípicas das bactérias resistentes visadas.

Resultados

Foi recolhido e analisado um total de 138 amostras de produtos à base de plantas. Estas incluíam 2 (1,4%) cápsulas, 16 (11,6%) líquidos, 4 (2,9%) cremes, 2 (1,4%) sumos, 104 (75,4) pós, 1 (0,7%) sais, 1 (0,7%) folhas esmagadas e 8 (5,8%) xaropes. Foram recolhidas 74 (53,6%) amostras de vendedores ambulantes/gaivotas, 34 (24,6%) de clínicas de ervanárias, 19 (13,8%) de supermercados/lojas, 7 (5,1%) de fabricantes/atacadistas e 2 (1,4%) de farmácias e lojas de produtos alimentares saudáveis, respetivamente.

As bactérias isoladas dos produtos à base de plantas recolhidos de diferentes vendedores foram agrupadas em 13 géneros: *Bacillus, Klebsiella, Proteus, Staphylococcus, Streptomyces, Escherichia, Enterobacter, Serratia, Yersnia, Morganella, Citrobacter, Erwinia* e *Shigella.* A Tabela 1 mostra o género e as espécies de bactérias isoladas da HMP.

Tabela 5: Género e epítetos específicos das bactérias isoladas

Genus	Organism	Gram reaction	Frequency (%)
Citrobacter	*Citrobacter diversus*	Gram -ve	3 (100.0)
Enterobacter	*Enterobacter aerogens, Enterobacter cloacae*	Gram -ve	22 (100.0)
Streptomyces	*Streptomyces spp.*	Gram +ve	74(100.0)
Bacillus	*Bacillus anthracoides, Bacillus spp.*	Gram +ve	64(100.0)
Erwinia	*Erwinia chrysanthemi*	Gram -ve	1 (100.0)
Escherichia	*Escherichia coli*	Gram -ve	7 (100.0)
Morganella	*Morganella morganii*	Gram -ve	2 (100.0)
Klebsiella	*Klebsiella pneumoniae*	Gram -ve	4 (100.0)
Proteus	*Proteus penneri*	Gram -ve	25 (100.0)
Serratia	*Serratia fonticola, Serratia marcescens, Serratia rubidaea*	Gram -ve	14 (100.0)
Shigella	*Shigella sonnei*	Gram -ve	1 (100.0)
Staphylococcus	*Staphylococcus aureus*	Gram +ve	5 (100.0)
Yersnia	*Yersnia enterocolitica*	Gram -ve	11 (100.0)
Total			233 (100.0)

Neste estudo, 96 (100,0%) isolados de bactérias foram testados quanto à suscetibilidade aos antibióticos habitualmente utilizados. A maioria (63,5%) das bactérias isoladas eram geralmente sensíveis ao painel de antibióticos testados. Trinta e um (33,0%) isolados bacterianos eram resistentes à ceftazidima, 33 (34,4%) eram resistentes à cefotaxima, 2 (2,1%) eram resistentes à gentamicina, 5 (5,2%) eram resistentes à cloranfenicina, 1 (1,0%) era resistente à piperacilina, 2 (2,1%) eram resistentes à norfloxacina e à ciprofloxacina, respetivamente. As bactérias isoladas eram resistentes a um ou a mais do que um antibiótico. Os seguintes isolados eram resistentes a apenas um antibiótico; *Morganella morganii* (MM2) era resistente ao cloranfenicol,

O isolado *Enterobacter cloacae* (EC3) era resistente à ceftazidima e *o Proteus penneri*

(PP20) era resistente à cefotaxima. Quatro isolados foram resistentes a três antibióticos neste estudo. Os isolados eram *Citrobacter diversus* (CD1) resistente a CN, CTX e NOR, *Morganella morganii* (MM1) resistente a SXT, C e CTX, *Enterobacter aerogens* (EA2) resistente a CAZ, CTX e PRL e *Klebsiella pneumonia* (KP2) resistente a SXT, CAZ e CTX. Dois isolados apresentaram resistência a quatro antibióticos. Os isolados eram *Citrobacter diversus* (CD2) resistente a SXT, C, NOR e CIP e *Enterobacter* cloacae (EC5) resistente a SXT, CAZ, CTX e NOR. Vinte e seis isolados eram resistentes a dois antibióticos. A maioria dos isolados [22 (62,9%)] era resistente tanto ao CAZ como ao CTX.

Foi efectuada a extração do ADN bacteriano, que foi posteriormente amplificado de forma independente com iniciadores reverse e forward numa única reação, a fim de determinar os genes de resistência aos antibióticos entre os isolados fenotipicamente resistentes. As bactérias eram *Citrobacter diversus* (CD1 e CD2); *Enterobacter aerogens* (EA2), *Enterobacter cloacae* (EC 2, 3, 4, 5, 8, 9 e EC 10), *Erwinia chrysanthemi* (ERC1); *Klebsiella pneumonia* (KP2), *Morganella morganii* (MM1 e MM2), *Proteus penneri* (PP4, 8, 9, 10, 11, 12, 13, 17, 18, 20, 21 e 22), *Serratia marcescens* (SM1 e SM2), *Serratia rubidaea* (SR4, 6 e 7), *Yersnia enterocolitica* (YE3, 6, 7 e 8).

Verificou-se que todas as bactérias resistentes aos fármacos continham genes resistentes, exceto 2 isolados. Verificou-se uma associação entre a resistência fenotípica e genotípica aos fármacos entre os isolados de bactérias resistentes aos fármacos. Todos os isolados que eram fenotipicamente resistentes ao CTX e ao CAZ continham o gene CTX-M e o gene Bla CMY.

A placa 1 mostra fragmentos de ADN de isolados resistentes ao CTX. A linha M - é um marcador molecular com bandas diferentes que denotam pesos moleculares diferentes, em que cada banda representa 150 pares de bases (pb), P- Controlo positivo, N- Controlo negativo, 1 - 17 são isolados bacterianos que contêm o gene CTX-M.

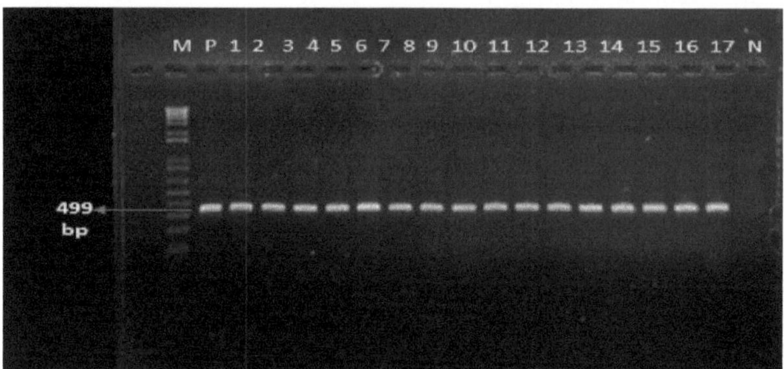

Placa 1: Isolados com o gene CTX-M que codifica a resistência à CTX com 499 pb

A placa 2 mostra fragmentos de ADN para isolados que tinham genes que codificam a resistência ao CAZ. A linha M é o marcador molecular de 50 pb. O gene Bla CMY tem 205 pares de bases, P - controlo positivo e N - controlo negativo.

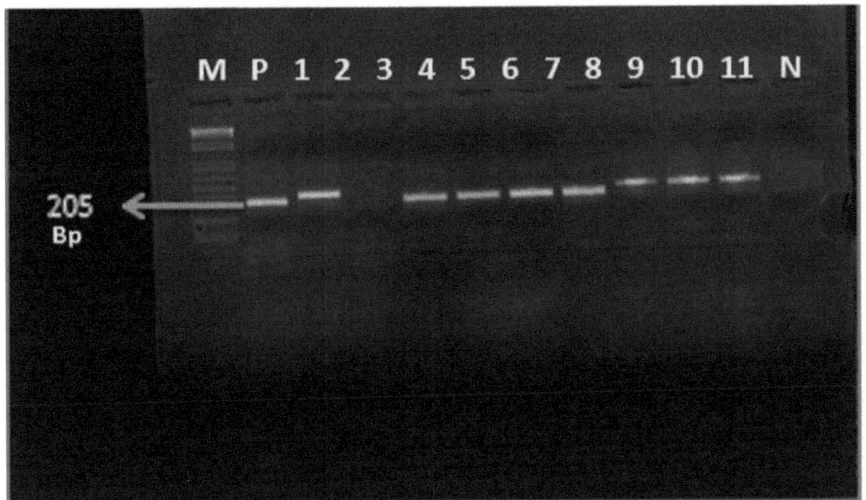

Placa 2: Isolados com o gene Bla CMY que codifica para CAZ resistente com 205 pb

Discussões

Os medicamentos concebidos com o objetivo de proporcionar benefícios quimioterapêuticos e farmacológicos devem ser eficazes contra a patologia em causa. Vários factores podem comprometer este objetivo, sendo um deles a possível contaminação com microrganismos patogénicos e não patogénicos [12]. Para além da possível degradação microbiana dos constituintes activos contidos nas preparações à base de plantas, a presença destes microrganismos contaminantes pode constituir uma fonte de infeção e um risco grave para a saúde dos consumidores das preparações à base de plantas, que provavelmente já se encontravam sobrecarregados com as doenças graves para as quais os medicamentos à base de plantas foram inicialmente indicados [13]. As caraterísticas de resistência às drogas podem levar a consequências graves se estes produtos forem consumidos.

Neste estudo, as bactérias do solo constituíram a maior parte dos isolados. Estas bactérias eram *Streptomyces* spp. [74(53,6%)] e *Bacillus anthracoides* [64(46,4%)], que são uma indicação de contaminação ambiental. De acordo com um estudo realizado por Grierson [14], *o B. anthracoides* é patogénico para cobaias e ratos em condições experimentais e parece ocupar uma posição entre o *B. anthracis* virulento e os membros não patogénicos do grupo de bacilos aeróbicos esporulados, por exemplo,

B. subtilis, B. mesentericus. Assim, quando expostos aos doentes através do consumo de HMP contaminado, podem representar um risco grave para a saúde. *A Escherichia coli* foi isolada em formulações líquidas que incluem misturas, decocções e infusões. Geralmente, todos os líquidos eram dissolvidos em água, pelo que a água de dissolução poderia conter *E. coli*. A *E. coli* é uma indicação de contaminação fecal e está associada a gastroenterite. As bactérias isoladas mais importantes que causam doenças humanas foram *Klebsiella pneumoniae, Staphylococcus, Proteus, Shigella sonnei* e *Escherichia coli* e outros coliformes. Os resultados concordam com um estudo semelhante efectuado por Frazier e Westhoff, [15] que isolaram bactérias de importância clínica, tais como *Bacillus* species *Salmonella sp.* e *E. coli* a partir dos produtos à base de plantas. No entanto, o presente estudo não isolou nenhuma espécie de *Salmonella*. Shukla *et al.*, [16] num estudo semelhante, relataram uma elevada taxa de recuperação destas bactérias suspeitas de infeção a partir de medicamentos indígenas à base de plantas consumidos oralmente. Danladi *et al.* [17], no seu estudo sobre preparações à base de plantas, obtiveram resultados semelhantes. No entanto, estes outros estudos não determinaram testes de suscetibilidade a medicamentos das bactérias isoladas.

A maioria dos isolados era muito sensível [61(63,5%)] aos antibióticos testados. Os resultados estão quase de acordo com um estudo efectuado por Alwakee [18] sobre contaminantes microbianos de medicamentos à base de plantas, no qual se verificou que a maioria (75%) das bactérias isoladas eram sensíveis aos antibióticos, mas não se determinou a presença de genes de resistência aos medicamentos. Testar as respostas dos agentes patogénicos bacterianos a agentes quimioterapêuticos é uma prática comum em microbiologia clínica e alimentar [19]. No estudo atual, 36,5% das bactérias isoladas eram resistentes ao painel de antibióticos testados. Os resultados de outros estudos não coincidem com os do presente estudo, uma vez que observaram um nível relativamente elevado de resistência (46,2%-51,7%) aos antibióticos normalmente utilizados [20, 19]. Angulo *et al.* [21], num estudo semelhante, alegaram que a capacidade de as bactérias desenvolverem mecanismos de resistência ao ataque por antimicrobianos foi reconhecida pouco depois da utilização generalizada dos primeiros antibióticos. DeWaal *et al.*, [22] também aludiram ao facto de a resistência ser uma consequência inevitável da utilização de antibióticos; quanto mais forem utilizados, mais as bactérias desenvolverão resistência. Verificou-se que todas as bactérias que eram resistentes aos medicamentos continham genes resistentes, exceto dois (5,7%) isolados. Os isolados de bactérias resistentes aos antibióticos eram resistentes a um ou a mais do que um antibiótico testado. Também se verificou que estas bactérias continham genes resistentes. Verificou-se uma associação direta entre a resistência fenotípica e a resistência genotípica entre os isolados. Os antibióticos são utilizados para tratar infecções bacterianas. Podem ser utilizados como tratamento a curto ou a longo prazo, dependendo do facto de o problema ser agudo ou crónico. Ronald *et al.* [23], num estudo, descobriram que existem na natureza bactérias com resistência intrínseca aos antibióticos. Esses organismos podem adquirir genes de resistência adicionais a partir de bactérias introduzidas no solo ou na água e as bactérias residentes podem ser o reservatório ou a fonte de organismos resistentes generalizados que se encontram em muitos ambientes. Nas bactérias, a resistência antimicrobiana é facilitada pela sua capacidade de se adaptarem rapidamente a novos ambientes e, juntamente com a sua capacidade de se replicarem muito rapidamente, surge a aptidão para mutarem o seu ADN adquirido de outras bactérias resistentes a medicamentos [4]. A aquisição de resistência pode dever-se a mutações cromossómicas ou a elementos genéticos móveis, como os plasmídeos, que são frequentemente capazes de se transferir de uma estirpe de organismo para outra, mesmo através da barreira das espécies. A transferência de plasmídeos dentro de uma espécie e entre espécies é ainda reforçada pela atividade dos transposões, que são elementos genéticos móveis que conferem determinantes de resistência [23]. A capacidade dos transposões para se integrarem em plasmídeos conjugativos ou no cromossoma dos organismos aumenta a capacidade de transferência de um determinado determinante de resistência. Este processo é um fenómeno natural exacerbado pela utilização abusiva, excessiva e incorrecta de agentes antimicrobianos no tratamento de doenças humanas e na criação de animais, aquicultura e agricultura [24]. Quando os organismos resistentes aos medicamentos estão presentes em medicamentos, como os produtos à base de plantas, podem comportar-se como agentes patogénicos oportunistas e iniciar uma infeção, particularmente em doentes imunocomprometidos. Podem também levar à transferência de caraterísticas de resistência aos antibióticos para microrganismos até então sensíveis que coabitam com os consumidores desses produtos. Dada a taxa crescente de desenvolvimento de estirpes de bactérias resistentes aos , o principal desafio é abrandar a taxa de desenvolvimento e propagação da resistência. A fim de diminuir a propagação da resistência aos antibióticos, os médicos, os farmacêuticos, os investigadores e os consumidores devem estar mais conscientes das pressões selectivas que levam estas bactérias a diminuir a sua suscetibilidade [25]. Estas pressões selectivas incluem o abuso, a utilização excessiva e a utilização incorrecta de antimicrobianos na terapêutica, HMPs incorretamente fabricados e mal manuseados [5, 24], bem como outros numerosos factores socioeconómicos que determinam o desenvolvimento de estirpes de bactérias multirresistentes [26]. Nestas circunstâncias, um esforço coletivo e concertado no sentido da prevenção do desenvolvimento de estirpes de bactérias resistentes através de uma política de utilização racional de antimicrobianos, de práticas corretas e de uma investigação intensiva que conduza a terapias com medicamentos novos e alternativos ajudaria a controlar a emergência de estirpes de bactérias multirresistentes.

Conclusões e recomendações

Os resultados do presente trabalho mostram que as HMP estavam contaminadas com bactérias patogénicas e não patogénicas. É preocupante a multirresistência entre as bactérias isoladas, uma vez que apenas 3 isolados eram resistentes a pelo menos um medicamento, enquanto 32 isolados eram resistentes a mais do que um antibiótico. Todas as bactérias resistentes a medicamentos possuíam genes de resistência a medicamentos. A elevada taxa de estirpes multirresistentes isoladas destas preparações à base de plantas pode indicar uma resistência generalizada aos antibióticos entre microrganismos de diferentes origens. Por conseguinte, é importante que a garantia de qualidade seja integrada em todo o processo de fabrico de HMPs. Assim, é necessário um acompanhamento e controlo constantes dos padrões microbianos dos medicamentos à base de plantas disponíveis no mercado . Estudos posteriores devem sequenciar as bactérias que apresentaram resistência genotípica, a fim de determinar o seu parentesco. Os genes resistentes móveis devem ser determinados porque as bactérias que partilham o mesmo ambiente podem transferir genes móveis para bactérias sensíveis a antibióticos através de plasmídeos e transposões.

Agradecimentos

Estamos muito gratos ao Conselho Nacional de Ciência, Tecnologia e Inovação (NACOSTI) pelo financiamento deste trabalho. Gostaríamos também de agradecer sinceramente aos diretores do Instituto de Investigação Médica do Quénia e da Universidade de Nairobi por proporcionarem um ambiente propício à realização deste trabalho.

Conflito de interesses

Os autores declaram que não existe qualquer conflito de interesses relativamente à publicação deste artigo.

Referências

1. Sheikh AR, Afsheen A, Sadia K, Abdul W. Plasmid borne antibiotic resistance factors among indigenous Klebsiella. Pak J Bot. 2003; 35 (2): 243-8.

2. Oleghe Peace Omoikhudu, Odimegwu Damian Chukwu, Udofia Ema e Esimone Charles Okechukwu. Multi-Drug-Resistant Bacteria Isolates Recovered From Herbal Medicinal Preparations In A Southern Nigerian Setting. Jornal de Saúde Pública Rural e Tropical. 2011; 10(1): 70-75.

3. Ugwu, E., Ohihion, A.A., Agba, M.I., Okogun, G.R.A., Okodua, M., Tatfeng, Y.M., Nwobu, G.O. Incidence of Streptococcus pneumoniainfections among patients attending tuberculosis clinics in Ekpoma, Nigeria. SEMJ. 2009; 2(1): 56.

4. NIAID http://www.niaid.nih.gOv/TOPICS/ANTIMICROBIALRESISTANCE/RESEARCH/Pages/translating.aspx. citado em maio de 2011.

5. Esimone, C.O., Oleghe, P.O., Ibezim, E.C., Okeh, C.O., Iroha, I.R. Susceptibility-resistance profile of micro-organisms isolated from herbal medicine products sold in Nigeria. Afr J Biotechnol. 2007; 6 (24): 2766-75.

6. Keter, L., Too, R., Mutai, C., Mwikwabe, N., Ndwigah, S., Orwa, J., Mwamburi, L. & Korir, K. Bacteria Contaminants and theirAntibiotic Sensitivity from Selected Herbal Medicinal Products from Eldoret and Mombasa, Kenya. American Journal of Microbiology. 2016; 7(1): 1828.

7. OMS, Guidelines for Assessing Quality of Herbal Medicines with Reference to Contaminants and Residues, WHO Press, Organização Mundial de Saúde, 20 Avenue Appia, 1211 Genebra 2, Suíça, 2007.

8. OMS, Antimicrobial Resistance (Resistência antimicrobiana). Obtido em http://www.eoearth.org/ view/article/ 150137. Acedido: 17 de novembro de 2010, 19:30

9. Cowan, S.I e Steel, K.J., Cowan and Steel's Manual for the identification of medical bacteria. Barrow GI e Feltman RKA (eds.) Cambridge University Press, Cambridge. 1993

10. Lalitha, M.K. Manual on Antimicrobial Susceptibility Testing. 7th edition. Associação Indiana de Microbiologistas Médicos. Deli, 2004; pp 1047.

11. Nizami, D., Burcin, Ozer, G., Gulbol, D., Yusuf, O. e Cemil, D. Genes de resistência a antibióticos e padrões de suscetibilidade em estafilococos. Indian J Med Res. 2012; 135 (1): 389-396.

12. Okunlola, A., Adewoyin, B.A. and Odeku, O.A. Evaluation of pharmaceutical and microbial qualities of some herbal medicinal products in Southwestern Nigeria. Trop J Pharm Res. 2007; 6 (1): 661-70.

13. Bowler, P.G., Duerden, B.I. and Armstrong, D.G. Wound microbiology and associated approaches to wound management. Clin Microbiol Rev. 2001; 14 (2): 244-69.

14. Grierson, A.M.M. "Bacillus Anthracoides": A Study of its Biological Characters and Relationships and its Pathogenic Properties under Experimental Conditions". Journal of Hygiene. 1928; 27(3): 306-20.

15. Frazier, W. e Westhoff, D. Food Microbiology. 4th ed. McGraw-Hill Publishing Company Ltd. McGraw-Hill Publishing Company Ltd; 2003.

16. Shukla, S., Stemper, M., Ramaswamy, S., Conradt, J., Reich, R., Graviss, E. e Reed, K. Molecular characteristics of nosocomial and native American community associated methicillin resistant *Staphylococcus aureus* clones from rural Wisconsin. J Clinic Microbiol. 2004; 42(1): 3752-3757.

17. Danladi, A., Helen I., Sabo, E. e Olayeni, S. Contaminação de produtos

medicinais à base de plantas comercializados na metrópole de Kaduna com bactérias patogénicas selecionadas. Afr J Tradit Complement Altern Med. 2009; 6(1): 70-77.

18. Alwakeel, S.S. Microbial and heavy metal contamination of herbal medicines. Res J Microbiol. 2008; 3(1):683-691.

19. Adenike, A.O., Ogunshe e Taiwo, T.K. In-vitro Phenotypic Antibiotic Resistance in Bacterial Flora of some Indigenous OrallyConsumed Herbal Medications in Nigeria. Rural and Trop. J. Public Health. 2006; 5(1):9-15.

20. Ryan E., Adeleye, I., Okogi, G. e Ojo, E. Microbial Contamination of Herbal Preparations in Lagos, Nigeria. J. Health, Pop. and Nutr. 2005; 23(3):296-29.

21. Angulo F.J., Nargund, V.N. and Chiller, T.C. Evidence of an Association Between Use of Anti-microbial Agents in Food Animals and Anti-microbial Resistance Among Bacteria Isolated from Humansand the Human Health Consequences of Such Resistance. J. Vet. Med. B Infect. Dis. Vet. Public Health. 2004; 5(51),374-379.

22. De-Waal, C., Smith, J. e Vaughn, S. Antibiotic Resistance in Food borne Pathogens. Centro para a Ciência no Interesse Público. A Editora Momoprofit da Nutrition Action Healthcare. 2013;30(12):1-14.

23. Ronald, J. A., Brena, M. e Melissa, M. Antibiotic Resistance of GramNegative Bacteria in Rivers, United States. Emerging Infectious Diseases. 2002; 8(7): 1-4.

24. Lexchin, J. Promoting resistance? World Health Organization EssentialDrug Monitor, Genebra, 2000; n.ºs 28 e 29.

25. Gershman, K. Antibiotic resistance and judicious antibiotic use.http://biology. kenyon.edu /slonc/bio38/stancikd_02/References.html, 1997.

26. Toebe, C. Antibiotic Resistance. City College of San Francisco. http://biology.kenyon.edu/slonc/bio38/stancikd 02/References.html. 2001.

Halpern SD, Ubel PA, Caplan AL. Transplante de órgãos sólidos em doentes infectados pelo VIH. N Engl J Med. 2002;347(4):284-287 .

Printed by Books on Demand GmbH, Norderstedt / Germany